MÉTHODES APPROCHÉES

DE

QUADRATURES

PAR

R. LE BRUN

INGÉNIEUR DES ARTS ET MANUFACTURES

PARIS

PUBLICATIONS DU JOURNAL *LE GÉNIE CIVIL*

6, RUE DE LA CHAUSSÉE-D'ANTIN, 6

1887

LE GÉNIE CIVIL

REVUE GÉNÉRALE HEBDOMADAIRE DES INDUSTRIES FRANÇAISES ET ÉTRANGÈRES

Paraissant tous les Samedis

PRIX DE L'ABONNEMENT PAR AN :

PARIS : **36** francs ; DÉPARTEMENTS : **38** francs. — ÉTRANGER *(union postale)* : **40** francs.

Autres pays, le port en sus.

Trois mois : Paris **10** francs ; DÉPARTEMENTS ET ÉTRANGER *(union postale)* **12** francs.

MÉTHODES APPROCHÉES

DE

QUADRATURES

PAR

R. LE BRUN

INGÉNIEUR DES ARTS ET MANUFACTURES

PARIS

PUBLICATIONS DU JOURNAL *LE GÉNIE CIVIL*

6, RUE DE LA CHAUSSÉE-D'ANTIN, 6

1887

MÉTHODES APPROCHÉES

DE

QUADRATURES

SURFACES

Tout le monde connaît l'application des formules appro hées de quadrature au calcul des surfaces, des volumes, des centres de gravité, des moments d'inertie et en général de toutes les intégrales qu'il est impossible ou même simplement trop long d'effectuer par la méthode algébrique.

Nous rappelons les formules les plus usuelles :

1° Formule des trapèzes :

$$[1] \qquad S = \delta \left(\frac{y_0 + y_n}{2} + y_1 + y_2 + \dots y_{n-1} \right)$$

2° Formule des trapèzes modifiée, Leclert (1838) :

$$[2] \qquad S = \delta \left[\Sigma y_r + \Sigma y_i + \frac{1}{4}(y_1 + y_{n-1}) - \frac{3}{4}(y_0 + y_n) \right]$$

3° Formule de Thomas Simpson (1743) :

$$[3] \qquad S = \frac{\delta}{3} \left[y_0 + y_n + 4(y_1 + y_3 + \dots y_{n-1}) + y_2 + y_4 + \dots y_{n-2}) \right]$$

4° Formule de Poncelet :

$$[4] \qquad S = \delta \left[\frac{y_0 + y_n}{4} - \frac{y_1 + y_{n-1}}{4} + 2(y_1 + y_3 + \dots y_{n-2}) \right]$$

5° Formule de Catalan (1851) :

$$[5] \qquad S = \delta \left[\Sigma y - \frac{5}{8}(y_0 + y_n) + \frac{1}{6}(y_1 + y_{n-1}) - \frac{1}{24}(y_2 + y_{n-2}) \right]$$

Toutes ces formules donnent la surface comprise entre une courbe plane quelconque et sa projection sur une droite $an = l$; elles supposent que cette droite est partagée en un nombre pair n de parties égales $\frac{l}{n} = \delta$.

Nous avons pensé qu'il ne serait pas sans intérêt d'indiquer quelques recherches nouvelles sur ces méthodes, qui ont eu pour résultat d'amener soit une simplification, soit une plus grande approximation des calculs.

Calcul des aires. — *Méthode du général Parmentier* (1854-1883). — En appelant : Σy_i, la somme des ordonnées intermédiaires de rang impair $y_1 y_3 \ldots y_{n-1}$, et Σy_p, la somme des ordonnées intermédiaires de rang pair $y_2 y_4 \ldots y_{n-2}$, la formule de Simpson (2) pourra se mettre sous la forme :

$$S' = \frac{\delta}{3}\left[4\,\Sigma y_i + 2\,\Sigma y_p + y_0 + y_n\right]$$

Elle donne l'aire approchée comprise entre la droite an et la courbe AB...MN (fig. 1). Le général Parmentier cherche l'aire d'une surface

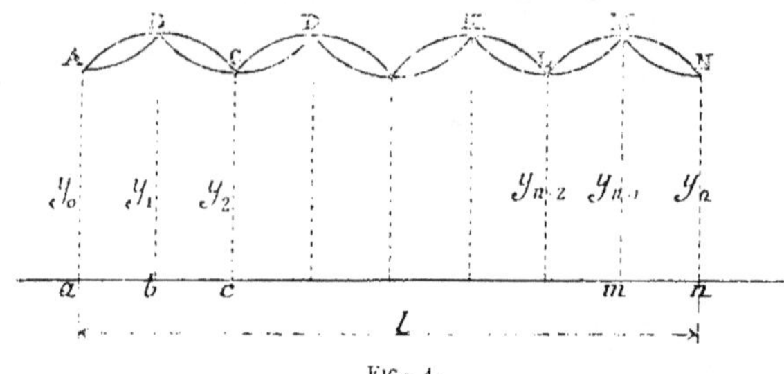

FIG. 1.

limitée par des arcs de parabole BCD...KLM, croisant les premiers et complétée par les trapèzes ABba, MNnm, la formule donnant la surface de l'aire ainsi définie aura pour expression :

$$S'' = \frac{\delta}{3}\left[y_1 + y_{n-1} + 4\,\Sigma y_p + 2\,(y_3 + y_5 + \ldots y_{n-3})\right]$$
$$+ \delta\left\{\frac{y_0 + y_1}{2} + \frac{y_{n-1} + y_n}{2}\right\}$$

ou en mettant δ en facteur commun :

$$S'' = \frac{\delta}{3}\left|\frac{3\,(y_0 + y_n)}{2} + \frac{y_1 + y_{n-1}}{2} + 4\,\Sigma y_p + 2\,\Sigma y_i\right|$$

En éliminant Σy_p entre les formules S' et S'' on a :

(a) $$S = 2S' - S''$$

et en éliminant Σy_i entre les mêmes formules on a :

(b) $$S = 2S'' - S'.$$

Mais en remarquant que S'' est moins exact que S', puisqu'on a substitué un trapèze rectiligne aux trapèzes paraboliques AB, MN, on voit qu'il est préférable de prendre deux fois la valeur la plus approchée (b) pour en retrancher l'autre; et on obtiendra la formule :

(6) $$S = 2S' - S'' = \delta\left|\frac{y_0 + y_n}{6} - \frac{y_1 + y_{n-1}}{6} + 2\,\Sigma y_i\right|$$

En cherchant à remplacer les petits trapèzes rectilignes extrêmes par des trapèzes paraboliques, on arrive à la formule :

$$S''' = \frac{\delta}{3}\left[2\,\Sigma y_i + 4\,\Sigma y_p - \frac{11}{4}(y_0 + y_n) + y_1 + y_{n-1} - \frac{1}{4}(y_2 + y_{n-2})\right]$$

Eliminant Σy_p entre cette formule et S' on arrive à la valeur :

(6 *bis*) $$S = \delta\left|2\,\Sigma y_i + \frac{1}{4}(y_0 + y_n) - \frac{1}{3}(y_1 + y_{n-1}) + \frac{1}{12}(y_2 + y_{n-2})\right|$$

Elle exige, comme on le voit, la connaissance de deux ordonnées de plus que la formule (6) mais elle a, comme avantage, de donner, comme celles de Simpson et de Catalan, l'aire exacte pour les paraboles du 2e et du 3e degré.

On voit que la formule Parmentier (6) ne diffère que par les coefficients de la formule de Poncelet (4).

En retranchant (6) de (4) on obtient les résultats suivants :

$$\frac{\delta}{4}\left[(y_0+y_n)-(y_1+y_{n-1})\right]-\frac{\delta}{6}\left[(y_0+y_n)-(y_1+y_{n-1})\right]$$
$$=\frac{\delta}{6}\left[\frac{y_0+y_n}{2}-\frac{y_1+y_{n-1}}{2}\right]$$

La représentation graphique (fig. 2) de cette valeur est facile à établir. En effet $\frac{y_0+y_n}{2}$ est la moyenne des ordonnées extrêmes. $\frac{y_1+y_{n-1}}{2}$ est la moyenne des ordonnées voisines des extrêmes : leur différence

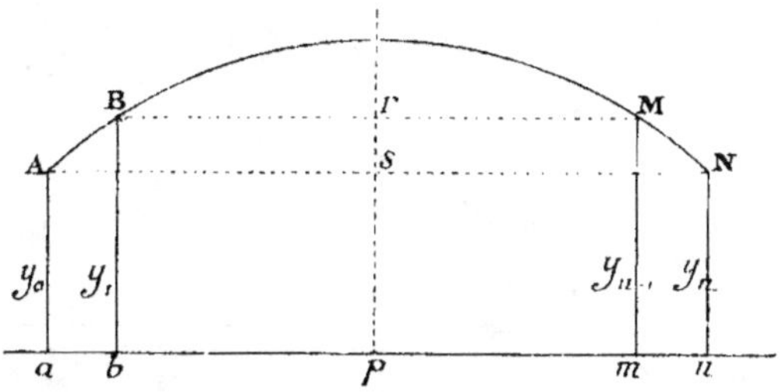

FIG. 2.

est donc égale à rs mesurée sur l'ordonnée médiane, et la valeur de la différence des surfaces est : $\Delta = \frac{\delta}{6}\, rs$.

La formule de Poncelet donne donc une valeur différant de celle de Parmentier d'une quantité égale au $^1/_6$ du rectangle construit sur δ et rs, supérieure lorsque la courbe est convexe par rapport à l'axe de x, inférieure dans le cas contraire.

Le général Parmentier, en cherchant le degré d'approximation relative de ces formules par la comparaison des valeurs qu'elles donnent avec les valeurs obtenues par l'intégration directe de sept arcs de courbes algébriques, est arrivé aux résultats suivants :

La formule des trapèzes est évidemment inférieure aux autres ;

La formule de Poncelet [4] est la moins exacte ;

La formule de Catalan [5] a toujours été inférieure à celle de Simpson ;

La formule de Parmentier (6 *bis*) a été plus approchée dans quatre cas que celle de Simpson, et trois fois moins dans les sept cas énoncés ci-dessus ;

La formule Parmentier (6) a donné un résultat plus exact que celle de Simpson [3] et que celle de Parmentier (6 *bis*) dans quatre cas, moins bon dans trois autres.

Comme conclusion dans le cas du calcul des aires et lorsque le nombre des ordonnées est très considérable, il convient d'adopter la formule simplifiée (6) du général Parmentier, qui est aussi exacte que celle de Simpson et offre l'avantage d'exiger le calcul d'un nombre plus restreint d'ordonnées. Mais, comme nous le verrons, comme simplicité de calculs, la méthode de Simpson reprend l'avantage lorsqu'on a à calculer les moments d'inertie ou les centres de gravité.

Calcul des volumes

On sait que la méthode consiste à partager le solide considéré en un nombre pair n de sections parallèles équidistantes dont on recherche les surfaces A_0 A_1.... A_n par un des procédés connus, et on applique à ces valeurs les formules précédentes. Le volume V est donc numériquement égal à l'aire d'une courbe (fig. 3) qui aurait des or-

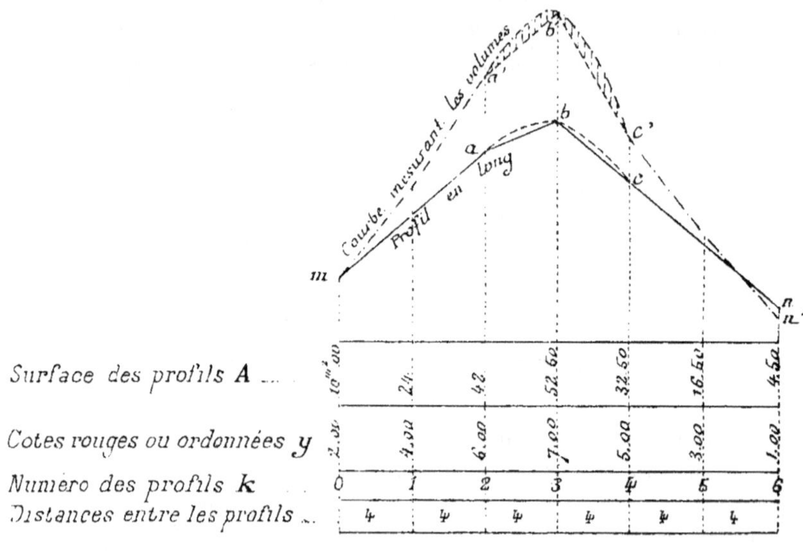

Fig. 3.

données proportionnelles aux sections $A_1 A_2$ et les mêmes abscisses.

Il est intéressant de comparer ces méthodes à celle des profils en travers, employée dans le calcul des terrassements, dans laquelle on suppose que le terrain est engendré par une droite s'appuyant sur les lignes limitant les profils en travers et les divisant en parties proportionnelles.

Le cube du volume ainsi défini est égal au produit de la $1/2$ somme de la surface de ces profils, par la distance qui les sépare moins le cube de la $1/2$ pyramide ayant pour base les triangles tels que *mnp* (fig. 4) et pour hauteur la distance entre les profils.

Dans la pratique, on admet que le volume des terrassements est égal au produit de la $1/2$ somme des profils par leur distance, ce qui donne un cube un peu trop fort.

Si les profils sont équidistants comme dans le cas de la figure 3, la méthode des profils en travers revient à celle des trapèzes (formule (1)), elle donne le cube des terrassements limités au contour polygonal *macben* mesuré par le contour polygonal *ma'b'c'n'*.

Les formules de Simpson et les formules analogues donnent un cube mesuré par des courbes telles que *ma'b'c'n'* très sensiblement supérieur au précédent, et qui se rapporte à la courbe pointillée du profil en long circonscrite au polygone plein *a b c*.

L'application numérique des diverses formules précédentes à ce cas particulier donne :

Cube réel du volume limité par la surface gauche conventionnelle	692^{m3}
Cube donné par la méthode ordinaire des profils en travers (formule des trapèzes [1])	699
Cube donné par la formule Leclert [2]	725
— — Simpson [3]	714
— — Poncelet [4]	717 50
— — Catalan [5].	704 42
— — Parmentier [6]	726 32

Si la courbe, au lieu d'être concave par rapport à la ligne des

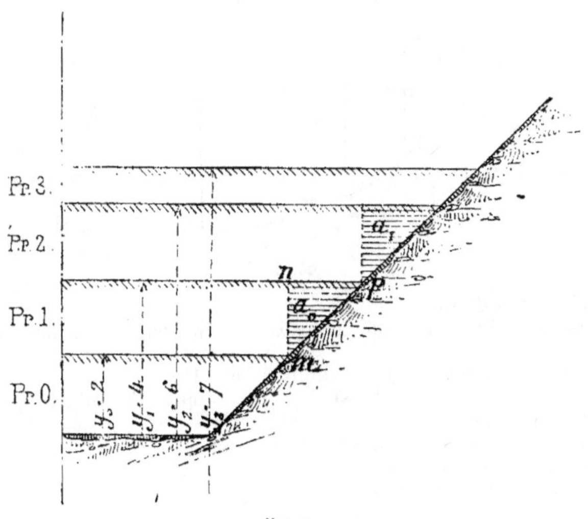

Fig. 4.

abscisses était convexe, le cube des formules [3], [4], [6], au lieu d'être supérieur au cube défini, lui serait au contraire inférieur.

On voit que les formules paraboliques [3] à [6] donnent un cube s'écartant d'autant plus du cube conventionnel, que les courbes de la figure 3 sont plus près d'un maximum ou d'un minimum, et que le rayon de courbure est plus petit, ou ce qui revient au même, que le terrain est plus accidenté.

Il y a lieu cependant de remarquer que l'hypothèse de la génération du terrain n'est pas exacte, et que, sauf le cas de ressauts brusques, les formules paraboliques doivent donner un résultat beaucoup plus approché du cube réel, lorsque la courbure du terrain est continue, ce qui est le cas le plus habituel.

Il en résulte que si une *très grande approximation* est nécessaire, il est préférable d'employer ces formules, mais que la méthode des profils en travers d'un degré *d'approximation au moins égal à* celui du levé est largement suffisante pour les besoins ordinaires de la pratique, et comme elle est plus expéditive il convient de lui donner la préférence.

Centre de gravité. Moment d'inertie.

La détermination du centre de gravité et du moment d'inertie d'une surface conduit au calcul des trois formules suivantes :

$$(a)\quad \Omega = \int_{x_0}^{x_n} d\omega \qquad (b)\quad \Omega V = \int_{x_0}^{x_n} r\,d\omega \qquad (c)\quad I + \Omega V^2 = \int_{x_0}^{x_n} r^2\,d\omega$$

dans lesquelles on appelle (fig. 5) :

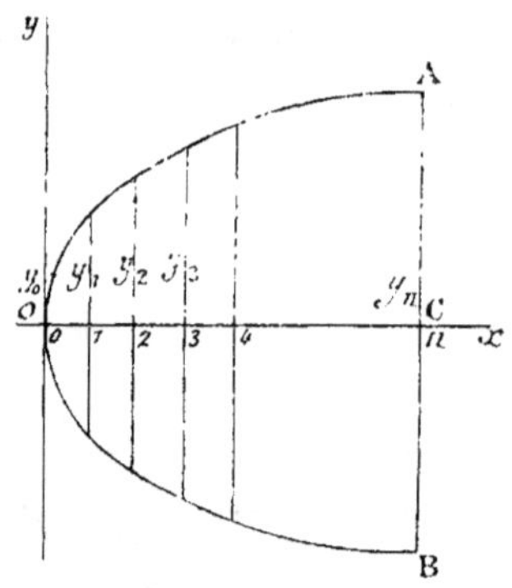

Fig. 5.

Ω l'aire AOB donnée;

r, distance du centre de gravité de l'élément de surface $d\omega$ à l'axe O y;

V, distance du centre de gravité G à l'axe Oy;

I, moment d'inertie de la surface par rapport à un axe passant par son centre de gravité;

J, moment d'inertie de la surface par rapport à l'axe oy (ij mêmes quantités des éléments de surface ω);

n, nombre pair de divisions de OC;

$\delta = \dfrac{OC}{n}$ distance entre deux divisions;

$y_0\, y_1\, y_2 \ldots\, y_n$, ordonnées menées par les points de division.

Dans les cas très nombreux où l'on ne peut intégrer algébriquement ces formules, on a recours à l'une des méthodes de quadrature approchées. Bélanger a établi des formules basées sur celle de Simpson, dont on se sert ordinairement.

Dans les formules (b) et (c) il a pris $d\omega = y\,dx$, ou plutôt $\omega = y\delta$; or comme la première ordonnée y_0 passe par l'origine, $r_0 = o$ et par suite son moment $r_0\omega = o$, de sorte que la formule ne tient pas compte du premier élément. De plus, la distance $n\,\delta$ correspondant au dernier élément est trop forte de la quantité $\dfrac{\delta}{2}$.

Enfin la formule (c) n'est vraie qu'à la limite, mais quand on l'applique à des éléments de surface très appréciables on ne peut négliger les moments d'inertie de chacun de ces éléments. Le moment total d'inertie doit être calculé par l'expression :

$$I + V^2 \Omega = \Sigma i + \Sigma \omega r^2$$

Les formules peuvent donc donner dans certains cas des erreurs trop fortes pour être négligées.

Ayant eu besoin d'une approximation très grande dans certains calculs, nous avons été conduit à rechercher s'il n'était pas possible de tenir compte de ces quantités, et nous avons trouvé qu'on pouvait y arriver facilement en modifiant les formules de Bélanger.

Centre de gravité. — La valeur **Ω** est donnée par la formule de Simpson [3] :

$$[a] \quad \Omega = \frac{\delta}{3} [y_0 + y_n + 4(y_1 + y_3 + \dots y_{n-1}) + 2(y_2 + y_4 + \dots y_{n-2})]$$

qu'on peut mettre sous la forme :

$$[a] \qquad \Omega = \frac{\delta}{3} [y_0 + y_n + 4 \Sigma y_i + 2 \Sigma y_p]$$

Cette formule donne (fig. 6) la somme des aires $\omega' \omega'' \omega'''$ comprises

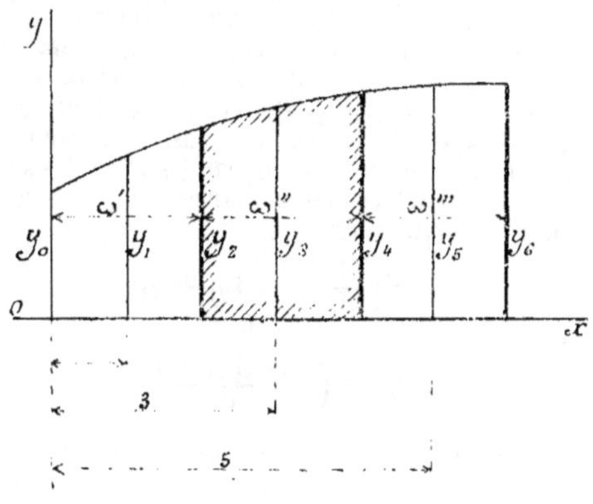

Fig. 6.

entre les ordonnées y_0 et y_2, y_2 et y_4, y_4 et y_6.... c'est-à-dire entre deux ordonnées successives de rang pair.

La position du centre de gravité de chacun de ces éléments est difficile à déterminer, mais elle est toujours très près de l'ordonnée médiane; quand δ est petit, la distance devient négligeable. Nous adopterons cette hypothèse très voisine de la vérité.

Remarquant que $r' = \delta$, $r'' = 3\,\delta$, $r''' = 5\,\delta$, etc. et connaissant l'évaluation de l'aire ω en fonction de trois ordonnées, on peut poser :

$$\omega' r' = \frac{\delta}{3} (y_0 + 4 y_1 + y_2)\,\delta = \frac{\delta^2}{3} (y_0 + 4 y_1 + y_2)$$

$$\omega'' r'' = \frac{\delta}{3} (y_2 + 4 y_3 + y_4)\,3\,\delta = \frac{\delta^2}{3} (3\,y_2 + 4 \times 3\,y_3 + 3\,y_4)$$

$$\omega''' r''' = \frac{\delta}{3} (y_4 + 4 y_5 + y_6)\,5\,\delta = \frac{\delta^2}{3} (5\,y_4 + 4 \times 5\,y_5 + 5\,y_6)$$

. . . .

$$\omega r = \frac{\delta}{3}(y_{n-2} + 4y_{n-1} + y_n)(n-1)\delta = \frac{\delta^2}{3}\{(n-1)y_{n-2}$$

$$+ 4(n-1)y_{n-1} + (n-1)y_n\}$$

Ajoutant membre à membre, on a la formule (b) :

$$(b) \quad \Sigma \omega r = \Omega V = \frac{\delta^2}{3}\Big\{y_0 + (n-1)y_n + 4(y_1 + 3y_3 + 5y_5$$

$$+ \ldots (n-1)y_{n-1}) + 2(2y_2 + 4y_4 + \ldots (n-2)y_{n-2})\Big\}$$

ou sous une autre forme :

$$(b) \qquad \Omega V = \frac{\delta^2}{3}(y_0 + (n-1)y_n + 4\Sigma k y_i + 2\Sigma k y_p)$$

qui permet de calculer la distance du centre de gravité à l'axe oy.

Si la surface n'a pas d'axe de symétrie, il reste encore, pour déterminer la position du centre de gravité, à chercher sa distance à l'axe Ox.

On peut opérer par rapport à cet axe comme on l'a fait par rapport à l'axe Oy. C'est généralement le procédé le plus rapide si l'on peut mesurer graphiquement sur une épure les lignes de la figure ; mais si, au contraire, il fallait calculer les valeurs x_0, x_1, x_2... correspondant à des points de la courbe dont les projections fussent équidistantes sur l'axe des y, on aurait avantage à se servir des valeurs y déjà connues et à employer les formules suivantes :

Soient ω, ω', ω'', les surfaces élémentaires comprises entre trois ordonnées (fig. 6) ; on a vu que :

$$\omega' = \frac{\delta}{3}(y_0 + 4y_1 + y_2)$$

que l'on peut écrire :

$$\omega' = 2\delta\left(\frac{y_0 + 4y_1 + y_2}{6}\right)$$

c'est-à-dire que la surface est équivalente à celle d'un rectangle de

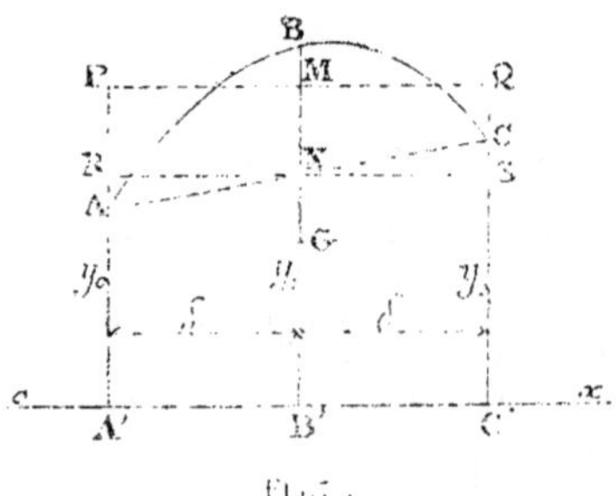

Fig. 7.

base 2δ et de hauteur $\frac{y_0 + 4y_1 + y_2}{6}$ dont la figure 7 donne l'interprétation géométrique.

Il est égal à la somme de deux rectangles : l'un A'RSC' équivalent au trapèze AA'C'C : le deuxième PQRS de même base et de hauteur égale à $\frac{BN}{3}$ d'après l'hypothèse de Simpson.

La hauteur MB' est égale à $\frac{y_0 + 4y_1 + y_2}{6}$, et le centre de gravité du rectangle sera en G à moitié de cette hauteur. On aura donc :

$$y' = B'G = \frac{B'M}{2} = \frac{y_0 + 4y_1 + y_2}{12}$$

C'est la position approchée du centre de gravité de la surface ω que nous adopterons.

Le moment de cet élément de surface par rapport à l'axe des x sera donc :

$$\omega' y' = \frac{\delta}{3}(y_0 + 4y_1 + y_2)\left(\frac{y_0 + 4y_1 + y_2}{12}\right) = \frac{\delta}{36}(y_0 + 4y_1 + y_2)^2$$

Posons : $$y_0 + 4y_1 + y_2 = Y$$

Nous aurons : $$\Omega Y = \Sigma \omega y = \Sigma \frac{\delta}{36} Y^2 = \frac{\delta}{36} \Sigma Y^2$$

C'est sous cette forme que l'expression devra être calculée. Le nombre des valeurs de Y étant égal au nombre des ordonnées impaires, peut être impair, et par suite ne peut être toujours calculé par la formule de Simpson.

Moment d'inertie. — Cherchons maintenant à calculer la formule (c) du moment d'inertie.

Les moments d'inertie de chacun des éléments de surface ω par rapport à l'axe oy sont respectivement :

$$j' = i' + v'^2 \omega'$$
$$j'' = i'' + v''^2 \omega''$$
$$\cdots\cdots\cdots$$
$$j_n = i_n + v^2_n \omega_n$$

Ajoutant membre à membre on a : $\Sigma j = \Sigma i + \Sigma v^2 \omega$

Or j étant le moment d'inertie d'un élément par rapport à l'axe oy, Σj sera le moment d'inertie J de la surface totale par rapport à cet axe ; on aura donc :

$$J = \Sigma i + \Sigma v^2 \omega$$

Il reste à calculer chacun des membres du second terme ; prenons le premier Σi. Nous avons dit que nous considérions le centre de gravité comme coïncidant avec l'ordonnée médiane ; nous continuerons cette hypothèse, qui assimile l'élément de surface à un rectangle. Le moment d'inertie par rapport au centre de gravité est $\frac{bh^3}{12}$, soit, en appliquant les notations précédentes :

$$i = \frac{y \times (2\delta)^3}{12} = \frac{2}{3}\delta^3 y = \frac{\delta^2}{3} 2\delta y$$

y étant l'ordonnée médiane de l'élément considéré, $2\delta y$ représente sa surface, et la valeur de i devient :

$$i = \frac{\delta^2}{3}\omega.$$

Nous diminuerons l'erreur en remplaçant ω par la valeur :

$$\frac{\delta}{3}(y_0 + 4\,y_1 + y_2).$$

On en tire $$d = \Sigma i = \frac{\delta^2}{3}\,\Sigma\,\omega.$$

Or $\Sigma\omega$ est donné par la formule de Simpson, on peut donc poser :

$$d = \Sigma i = \frac{\delta^3}{9}(y_0 + y_n + 4\,\Sigma\,y_i + 2\,\Sigma\,y_p)$$

Pour calculer $\Sigma\,r^2\omega$, on multiplie la valeur de chaque élément de surface par r^2, ce qui donne :

$$\omega'\,r^2 = \frac{\delta}{3}(y_0 + 4\,y_1 + y_2)\,\delta^2 = \frac{\delta^3}{3}(y_0 + 4\,y_1 + y_2)$$

$$\omega''\,r''^2 = \frac{\delta}{3}(y_2 + 4\,y_3 + y_4)\,3^2\,\delta^2 = \frac{\delta^3}{3}(3^2\,y_2 + 4 \times 3^2\,y^3 + 3^2\,y_4)$$

$$\omega'''\,r'''^3 = \frac{\delta}{3}(y_4 + 4\,y_5 + y_6)\,5^2\,\delta^2 = \frac{\delta^3}{3}(5^2\,y_4 + 4 \times 5^2\,y_5 + 5^2\,y_6)$$

. . . .

$$\omega_n\,v_n^2 = \frac{\delta}{3}(y_{n-2} + 4\,y_{n-1} + y_n)\,(n-1)^2\,\delta^2 = \frac{\delta^3}{3}\,[(n-1)^2\,y_{n-2}$$
$$+ 4\,(n-1)^2\,y_{n-1} + (n-1)^2\,y_n]$$

Ajoutant membre à membre, et mettant δ^3 en facteur commun, on obtient la formule (e) ci-après, dans laquelle les ordonnées de rang impair sont multipliées par le carré de leurs indices, et les ordonnées intermédiaires de rang pair, par le carré de leur indice augmenté d'une unité.

On voit, en effet, que si on considère une ordonnée d'indice par K, dans la surface de gauche elle est multipliée par $(k-1)^2$, dans la surface de droite par la valeur $(k+1)^2$:

$$[(k-1)^2 + (k+1)^2]\,y_k = 2\,(k^2+1)\,y_k$$

La formule devient donc :

$$(e)\;\left\{\begin{array}{l}\Sigma\omega\,r^2 = \frac{\delta^3}{3}\,[y_0 + (n-1)^2\,y_n + 4\,(y_1 + 3^2\,y_3 + 5^2\,y_5 + \ldots (n-1)^2\,y_{n-1})\\ \quad + 2\,[(2^2+1)\,y_2 + (4^2+1)\,y_4 + \ldots (n-2)^2+1)\,y_{n-2}]\end{array}\right.$$

ou sous une autre forme :

$$(e)\quad \Sigma\,\omega\,r^2 = \frac{\delta^3}{3}\,[y_0 + (n-1)^2\,y_n + 4\,\Sigma\,k^2\,y_i + 2\,\Sigma(k^2+1)\,y_p]$$

On a donc la valeur de J, au moyen de laquelle on détermine la valeur de I par la formule :

$$I = J - V^2\,\Omega$$

dans laquelle on connaît tous les termes du second membre.

Comme pour les centres de gravité, on peut avoir à calculer le moment d'inertie d'une surface par rapport à un axe perpendiculaire au premier en se servant des valeurs déjà connues.

Si, comme tout à l'heure, nous substituons le rectangle A'PQC' de la figure 7 à l'élément de surface équivalent AA' B'B. et si nous posons :

$$Y = y_0 + 4\,y_1 + y_2$$

nous aurons pour la valeur cherchée :

$$J_x = \Sigma\, i_x + \Sigma\, v x^2 \omega$$

$$i_x = \frac{ab^3}{12} = \frac{2\delta}{12}\,B'M^3 = \frac{\delta}{6}\,B'M^3 = \frac{\delta}{6}\left(\frac{y_0 + 4\,y_1 + y_2}{6}\right)^3 = \frac{\delta}{1296}\,Y^3$$

$$v x^2 \omega = \frac{\delta}{3}\,(y_0 + 4\,y_1 + y_2) \times \left(\frac{y_0 + 4\,y_1 + y_2}{12}\right)^2 = \frac{\delta}{432}\,Y^3$$

$$i_x + v x^2 \omega = \frac{\delta}{324}\,Y^3$$

$$J_x = \frac{\delta}{324}\,\Sigma\, Y^3 \qquad \text{et} \quad I_x = J_x - V_x^2\,\Omega$$

Le nombre des valeurs de Y pouvant être impair comme pour les centres de gravité, on ne peut toujours appliquer à ces formules la

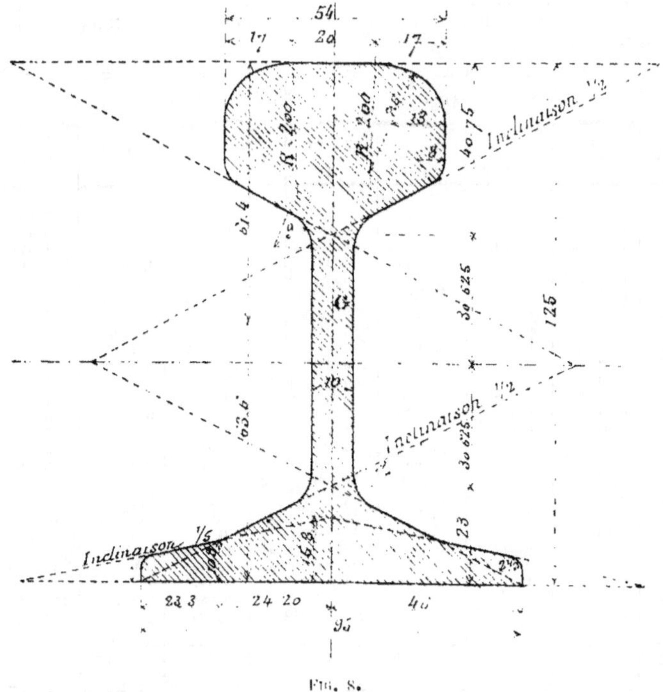

Fig. 8.

méthode de Thomas Simpson, et par suite, il faut les calculer sous la forme précédente, assez rapide en somme quand on dispose d'une table de carrés et de cubes suffisamment étendue.

On voit, en rapprochant ces formules, combien elles sont symétriques ;

$$\Sigma\,\omega = \Omega = \frac{\delta}{3}\,[y_0 + y_n + 4\,\Sigma\,y_i + 2\,\Sigma\,y_p]$$

$$\Sigma\,\omega\,v = \Omega V = \frac{\delta^2}{3}\,[y_0 + (n-1)\,y_n + 4\,\Sigma\,k y_i + 2\,\Sigma\,k\,y_p]$$

$$\Sigma\,\omega\,v^2 = \Omega V^2 = \frac{\delta^3}{3}\,[y_0 + (n-1)^2\,y_n + 4\,\Sigma\,k^2 y_i + 2\,\Sigma(k^2+1)\,y_p]$$

Ces formules servent aussi à calculer les rayons de giration.

En cherchant à appliquer les méthodes de Poncelet ou de Parmentier à ces recherches, on arrive à des formules analogues, mais moins simples que les précédentes.

Application numérique. — Nous donnons ci-dessus l'application de ces méthodes au calcul des éléments du rail de 28 kilogr., type Dombes et Sud-Est (fig. 8).

Pour avoir une grande approximation, on a divisé la hauteur du rail en 50 parties égales ($\delta = 0.0025$), et pour déterminer les ordonnées, on l'a dessiné avec grand soin à une échelle quatre fois plus grande que la vraie grandeur, ce qui a permis d'apprécier sûrement le 1/10 de millimètre.

C'est ainsi qu'a été établi le tableau suivant donnant tous les éléments de calcul.

INDICES PAIRS					INDICES IMPAIRS			
k	y_p	$k\,y_p$	$k^2\,y_p$	$(k^2+1)\,y_p$	k	y_i	$k\,y_i$	$k^2\,y_i$
0		»	»	»	1	0,04	0,04	0,04
2	0.0465	0.0930	0.186	0.2325	3	0,05025	0.15075	0,45225
4	0,05275	0,211	0.844	0.89675	5	0,0539	0.2695	1.3475
6	0,054	0,324	1.944	1.998	7	0.054	0,378	2,646
8	0,054	0.432	3.456	3.510	9	0.054	0.486	4,374
10	0,053	0,530	5.300	5,353	11	0,05025	0,55275	6,08025
12	0.0435	0.522	6.264	6.3075	13	0.0336	0.4368	5,6784
14	0,0234	0.3276	4,5864	4,6198	15	0.0153	0,2295	3,4425
16	0,012	0.192	3.072	3,0836	17	0.01025	0.17425	2,96225
18	0.01	0.18	3,240	3.250	19	0,01	0,19	3,610
20	0.01	0.20	4.008	4,010	21	0,01	0.21	4,410
22	0.01	0.22	4.840	4.850	23	0,01	0.23	5,290
24	0.01	0.24	5,760	5.770	25	0,01	0,25	6,250
26	0,01	0.26	6,760	6.770	27	0,01	0.27	7,290
28	0,01	0,28	7.840	7.850	29	0,01	0.29	8,410
30	0,01	0,30	9.000	9.010	31	0,01	0,31	9.610
32	0,01	0,32	10,240	10.250	33	0,01	0,33	10,890
34	0,01	0.34	11.560	11.570	35	0.01	0.35	12.250
36	0.01	0,36	12,960	12.970	37	0.01	0.37	13.690
38	0,01	0.38	14.440	14,450	39	0.01	0.39	15,210
40	0,01025	0,41	16.400	16,41025	41	0.0115	0.4715	19,3315
42	0.01475	0.6195	26.019	26.03375	43	0,0214	0,9202	39,5686
44	0.0319	1.4036	61.7584	61.7903	45	0.0424	1.908	85,860
46	0.05775	2.6565	122.1990	122.25675	47	0.0813	3.8211	179,5917
48	0,09480	4.5504	218.4192	218.5140	49	0,095	4.655	228,095
50		»	»	»				
Σ	0,65860	15.35160	561.0880	562.75620	Σ	0.72315	17,69335	676,37995

$y_0 = 0.020 \quad y_{50} = 0,095 \quad h = 0,125 \quad n = 50 \quad \delta = 0^m\,0025$

$y_0 + y_{50} = 0.115 \quad y_0 + (n-1)\,y_n = 4,675 \quad y_0 + (n-1)^2\,y_n = 228,115$

$\frac{\delta}{3} = 0.0008333 \quad \frac{\delta^2}{3} = 0.000\,002\,083 \quad \frac{\delta^3}{3} = 0,000\,000\,005\,208$

Surface :

$$\Omega = 0^{m2}\,003\,603\,856$$

Centre de gravité. — V distance au champignon :

$$\Omega V = 0{,}000\,221\,113\,783$$

d'où distance du centre de gravité au champignon $V = \dfrac{\Omega V}{\Omega} = 0^{m}\,061\,352$

— — — au patin $V' = 125 - V = 0{,}063\,648$

Moment d'inertie par rapport au champignon :

$$I = J - V^2\Omega = \Sigma i + \Sigma\,\omega\,r^2 - V^2\Omega$$

$$\Sigma i = 0{,}000\,000\,007\,508\,213$$
$$\Sigma\,\omega\,r^2 = 0{,}000\,021\,141\,256\,352$$
$$J = \Sigma i + \Sigma\,\omega\,r^2 = 0{,}000\,021\,148\,764\,565$$
$$V^2\Omega = 0{,}000\,013\,565\,711\,072$$
$$I = 0{,}000\,007\,583\,053\,493$$

J moment d'inertie par rapport au champignon.
I — — au centre de gravité.

Les vérifications faites donnent la mesure de l'exactitude de cette méthode.

En refaisant les calculs précédents par rapport au patin, on a trouvé :

$$V' = 0^{m}\,063\,657,\ \text{au lieu de}\ 0^{m}\,063\,648\ ;$$
$$I = 0^{m}\,000\,007\,584,\ \text{au lieu de}\ 0^{m}\,000\,007\,583.$$

différences absolument négligeables dans la pratique.

En adoptant comme densité de l'acier le chiffre que la Compagnie du Nord a déduit de ses expériences à Terrenoire, on trouve que le poids du rail doit être de :

$$p = \Omega \times 7\,825 = 28^{k}\,201$$

Si on déduit le poids des trous de boulons et les encoches du patin qui correspond à $0^{k}02$ par mètre courant, on trouve :

$$p = 28^{k}\,181$$

Le poids moyen du rail déterminé par les pesées directes qui ont servi au règlement de la Compagnie des Dombes avec l'usine de Terrenoire, a été de $28^{k}\,169$.

Différence : 12 grammes.

Ces études peuvent s'appliquer à toutes les recherches de sommation des quantités liées par une loi quelconque, entre autres à la détermination de la moyenne des ordonnées d'une courbe ou des surfaces à double courbure, à la recherche de leur centre de gravité, des volumes, des fibres neutres, etc. Elles feront l'objet d'une autre communication.

IMPRIMERIE CENTRALE DES CHEMINS DE FER. — IMPRIMERIE CHAIX.
RUE BERGÈRE, 20, PARIS. — 20070-7.

Tome V. — N° 2. 10 Mai 1884.

LE GÉNIE CIVIL

REVUE GÉNÉRALE DES INDUSTRIES FRANÇAISES & ÉTRANGÈRES

INDUSTRIE. — TRAVAUX PUBLICS. — AGRICULTURE. — ARTS

SCIENCES — ÉCONOMIE POLITIQUE — ARCHITECTURE — HYGIÈNE

TRAVAUX PUBLICS

TRAVAUX DU CANAL DE PANAMA (1)

Matériel de dragages

(Planche II.)

Les travaux du canal de Panama comportent l'exécution de dragages dans deux conditions différentes : 1° les approfondissements en mer; 2° le creusement du canal dans les terres.

Travaux du Canal de Panama. — Drague à déversoir latéral travaillant dans l'isthme (d'après une photographie)

Le premier genre de travail revient aux dragues marines que nous avons décrites précédemment (2).

Les appareils dont nous allons parler aujourd'hui s'appliquent plus particulièrement au second, que l'on doit diviser en deux périodes pour suivre une marche rationnelle.

Dans la première période, il faut s'efforcer de pénétrer le plus loin possible dans l'intérieur de l'isthme, en créant une rigole à largeur réduite et à faible tirant d'eau. L'habileté au point de vue de l'influence morale, tout autant que de l'intérêt pratique des travaux, commande d'agir ainsi.

Lorsque, le 28 novembre 1868, l'aviso de l'État *la Laurette* put passer de la Méditerranée dans la mer Rouge, ce fut pour le canal de Suez un événement d'une importance considérable. Il est vrai que ce petit navire avait emprunté le canal d'eau douce pour se rendre à Ismaïlia, qu'on avait dû, malgré son faible tirant d'eau, l'alléger encore par des flotteurs et prendre mille précautions pour assurer le succès de la traversée. Peu importe; l'isthme avait été franchi et la confiance dans le succès définitif du canal s'emparait des plus incrédules.

A Panama, il ne peut être question d'aller d'une mer à l'autre à bref délai; le massif central fermera le chemin jusqu'au dernier moment. Mais que l'on puisse venir sur les deux versants jusqu'au pied de la Cordillère, que la navigation soit ouverte à la batellerie de

(1) Voir le *Génie Civil*, tome III, nos 2, 4, 6, 8, 12, 14, 18 et 21, et tome IV, nos 1, 8, 13 et 21.

(2) Voir le *Génie Civil*, tome IV, n° 19

LE GÉNIE CIVIL

Rédacteur en chef : MAX DE NANSOUTY, Ingénieur civil, A. S.

Secrétaire du Comité technique d'électricité à l'Exposition de 1889, Secrétaire de la Société internationale des Électriciens.

HEBDOMADAIRE

Prix de l'abonnement : Paris, 36 fr. — Départements, 38 fr. — Étranger (Union postale), 40 fr. — Autres pays le port en sus

Un numéro : 1 franc.

IMPRIMERIE CENTRALE DES CHEMINS DE FER. — IMPRIMERIE CHAIX.
RUE BERGÈRE, 20, PARIS. — 21836-7.

www.ingramcontent.com/pod-product-compliance
Lightning Source LLC
LaVergne TN
LVHW052037160826
845678LV00003B/1391

* 9 7 8 2 3 2 9 6 2 2 1 2 5 *